Anka Gehre

Bevölkerungssuburbanisierung am Beispiel Münchens

GRIN Verlag

Bibliografische Information der Deutschen Nationalbibliothek:

Die Deutsche Bibliothek verzeichnet diese Publikation in der Deutschen National-
bibliografie; detaillierte bibliografische Daten sind im Internet über http://dnb.d-
nb.de/ abrufbar.

Impressum:

Copyright © 1999 GRIN Verlag GmbH
Druck und Bindung: Books on Demand GmbH, Norderstedt Germany
ISBN: 978-3-656-39737-3

Dieses Buch bei GRIN:

http://www.grin.com/de/e-book/27391/bevoelkerungssuburbanisierung-am-beispiel-
muenchens

GRIN - Your knowledge has value

Der GRIN Verlag publiziert seit 1998 wissenschaftliche Arbeiten von Studenten, Hochschullehrern und anderen Akademikern als eBook und gedrucktes Buch. Die Verlagswebsite www.grin.com ist die ideale Plattform zur Veröffentlichung von Hausarbeiten, Abschlussarbeiten, wissenschaftlichen Aufsätzen, Dissertationen und Fachbüchern.

Hausarbeit

Sozial- und Wirtschaftsgeographie

Veranstaltung: Hauptseminar "Regionale Geographie" – bezogen auf die Bundesrepublik Deutschland WS 1998/99

Datum: März 1999

Thema: Bevölkerungssuburbanisierung am Beispiel Münchens

Angefertigt von: Anka Gehre

Inhaltsverzeichnis

Definition des Suburbanisierungsbegriffes, eine Einführung 3

Suburbanisierung – ganz allgemein 5

Eine kurze Geschichte der Suburbanisierung 7

Warum München ? 9

Bevölkerungssuburbanisierung – Warum nicht in der Innenstadt leben ? 10

Zur Verdeutlichung einige Zahlen 11

Mögliche Folgen – mögliche Auswege 12

Literaturverzeichnis 14

Definition des Suburbanisierungsbegriffes, eine Einführung

Suburbanisierung ist in den letzten Jahren und Jahrzehnten zu einem Phänomen geworden, mit dessen Konsequenzen wir tagtäglich zu kämpfen haben. Der allmorgendliche Verkehrsstau Richtung Innenstadt (abends folgerichtig in die entgegengesetzte Richtung) ist nur eine dieser Folgen. Suburbanisierung ist uns allen mehr oder weniger bewußt, jeder hat Begriffe wie "Siedlungsbrei", "Speckgürtel", "Schlafstadt", "Siedlungswüste" schon gehört. Trotzdem ist oft sehr auffällig, daß die meisten Menschen die zwei Phänomene Verkehrsbelastung und Suburbanisierung offensichtlich nicht miteinander verbinden, was in dem immer noch populären Drang nach dem eigenen Häuschen im Grünen (draußen in der Natur, fern von lauten Straßen mit stinkenden Autos) seinen Ausdruck findet. Diese auf den zweiten Blick paradoxe Entwicklung soll hier u.a. aufgezeigt werden.

Zuerst jedoch will ich den Begriff der Suburbanisierung versuchen enger zu fassen, was in Form einer Definition immer am leichtesten möglich ist. Dabei können Definitionen naturgegeben nur einen unvollständigen Blick auf die jeweilige Begrifflichkeit geben. Meist stiften sie nur noch mehr Verwirrung, anstatt Klarheit zu bringen. Trotzdem soll an dieser Stelle nicht auf eine Begriffsklärung verzichtet werden, da hier die wesentlichen Merkmale des betreffenden Gegenstandes, in diesem Fall der Suburbanisierung, zusammengefaßt werden.

Das "Wörterbuch der Allgemeinen Geographie" definiert Suburbanisierung folgendermaßen: "(..) Dekonzentrationsprozeß von Agglomerationsräumen bzw. Stadtregionen. Verursacht durch den Prozeß der Stadtrandwanderung von Bevölkerung (Bevölkerungssuburbanisierung) und Wirtschaftsbetrieben (Gewerbe- und Dienstleistungssuburbanisierung), führt die S. zu einem flächenhaften Wachstum größerer Städte und Agglomerationsräume über die Stadtgrenzen hinaus in den suburbanen Raum, wobei aufgrund gleichzeitiger Entleerungstendenzen der innerstädtischen Bereiche die Gesamtzahl der Einwohner und Arbeitsstätten häufig gar nicht oder nur gering anwächst. (...) Die S. führt zu starken zusätzlichen Verkehrsbelastungen, besonders durch den Pendelverkehr, und vielfältigen raumplanerischen Stadt-Umlandproblemen. (...)."

Dieser doch sehr umfangreichen Definition setzt "The Concise Oxford Dictionary of Geography" eine weitaus kürzere, greifbarere, wenn auch trivialere Definition entgegen: "(..) The creation of residential areas and, to some extent industry, at the edge of the city. The term suburb usually indicates an area of houses set apart and open spaces. Suburbanisation is the result of public transport, mass car ownership, pressure on space within the city, natural increase in the city, and the freedom of footloose industries from locational constraints."

Diese zwei recht unterschiedlichen Definitionen der Suburbanisierung sollen als Ausgangspunkt für meine weiteren Ausführungen in dieser Hausarbeit dienen, sie geben gewissermaßen schon die wichtigsten Punkte der Arbeit vor, zu deren Gliederung ich im folgenden noch kurz etwas sagen werde.

Wie der Titel der Hausarbeit schon ankündigt, werde ich mich im wesentlichen auf die Bevölkerungssuburbanisierung in der Stadt München und deren Umland beziehen. Vor dieser

Vertiefung in ein konkretes Beispiel finde ich es jedoch angemessen, ganz allgemein noch einige Ausführungen zur Suburbanisierung vorauszuschicken, die die bereits in den beiden Definitionen gegebenen Merkmale des Prozesses etwas ausführlicher behandeln. Daran anschließend eine kurze, und damit auch recht unvollständige Geschichte der Suburbanisierung, in deren Verlauf ich bereits Bezug auf München nehmen werde. Der nächste Punkt wird versuchen die Frage zu beantworten, warum ausgerechnet München als Beispiel herausgesucht wurde. Darauf folgend schließlich geht es konkret um die Bevölkerungssuburbanisierung. Hier werde ich versuchen, die typischen Beweggründe der Stadtbevölkerung für einen Umzug ins Umland darzustellen. Um die Entwicklungstendenzen zu verdeutlichen, schließen sich einige Zahlenbeispiele an, verbunden mit Vorausberechnungen zur weitergehenden Entwicklung der Suburbanisierung in und um München. Mit welchen Folgen die Stadt im Falle der Bewahrheitung dieser Prognosen zu rechnen hat und welche Auswege es eventuell geben könnte, wird anschließend erklärt.

Beim Durchlesen dieses kurzen Ausblicks auf die Gestaltung der Hausarbeit ist evtl. auffallend, daß das eigentlichen Thema, die Bevölkerungssuburbanisierung, nicht direkt angesprochen wird. Dies hängt mit der Schwierigkeit zusammen, Bevölkerungssuburbanisierung eindeutig von der Suburbanisierung allgemein zu trennen, kommt doch erst durch die entsprechende Bevölkerungsbewegung die Suburbanisierung in Gang. So soll die Überschrift meiner Hausarbeit vielleicht eher als Abgrenzung zu einer anderen Art der Suburbanisierung, der Industriesuburbanisierung verstanden werden, obwohl natürlich beide Formen der Suburbanisierung in einem sehr engen Zusammenhang stehen und so eigentlich nicht eindeutig voneinander trennbar sind. Somit sind gewissermaßen die meisten der anschließenden Ausführungen mit der Bevölkerungssuburbanisierung in Verbindung zu sehen, ohne daß darauf explizit in einer Überschrift aufmerksam gemacht wird.

Suburbanisierung – ganz allgemein

Fassen wir die in der Einleitung zitierten Definitionen des Suburbanisierungsbegriffes zusammen, so lassen sich folgende Merkmale des Prozesses herausfiltern:

- Dekonzentration der Kernstädte durch Randwanderung

- Die Folge: flächenhafte Stadtausbreitung

- Kernstadt zeigt Entleerungstendenzen

- Aufgrund des Pendelverkehres entstehen starke Verkehrsbelastungen

Dies können jedoch nicht alle Merkmale des Vorganges sein, vieles wurde in den Definitionen ausgeblendet. So bleibt bspw. der Grund der Randwanderung der Bevölkerung im Dunklen.

Einer der offensichtlichsten Faktoren für diese Randwanderung dürfte dabei zumindest in der Anfangsphase der Suburbanisierung der oft enorm hohe qm- Preis in den Innenstädten sein. (Was vielfältige Ursachen hat, zu nennen wären unter anderem das Ansiedeln finanzkräftiger Banken und anderer Unternehmen des tertiären Bereiches in den City-Lagen, aber auch steigende Mietpreise durch Sanierung alter Wohngebiete. Gerade finanzschwächere Mieter können sich eine solche sanierte Wohnung oftmals nicht mehr leisten und ziehen in andere, von der Sanierung noch nicht betroffene Innenstadtquartiere. Familien mit Kind und einem besseren Einkommen ziehen offensichtlich lieber "ins Grüne".) Fast niemand mehr will oder kann sich den Wohnstandort Innenstadt leisten, wo doch gerade dieser Standort meist unter hohen Lärm- und Luftbelastungen durch den Straßenverkehr leidet. Gerade für junge Familien mit Kindern ist dieser Standort also sehr ungünstig.

Die Innenstadtbewohner werden also mit steigenden Bodenpreisen zunehmend aus der Innenstadt vertrieben, andere Nutzungsmöglichkeiten ergeben sich, vor allem Banken und Versicherungen siedeln sich jetzt verstärkt in der Innenstadt an.

Eine Folge des Verschwindens dieser innerstädtischen Wohnbezirke ist u.a. auch die der residentiellen Segregation. Die innerstädtischen Gebiete waren in ihrer Bevölkerung stark sozial gemischt. Sozial Schwache lebten quasi neben finanziell Bessergestellten. Die Entwicklung nach dem Wegzug aus den Innenstadtquartieren jedoch begünstigt sozial Stärkere, die sich ein Haus in der Peripherie leisten können. Finanziell Schwächere, die diese Option nicht haben, müssen sich deswegen also eine billigere Wohnung in der Stadt suchen. Außerhalb der unmittelbaren Citylage ist Wohnraum deutlich günstiger. Dort siedelt man sich an.

Mit dem Zuzug benachteiligter Gruppen in diese innenstadtnahen Gebiete verändert sich natürlich auch deren soziale Zusammensetzung, ein sich verstärkender Trend zur Abwanderung derer, sie es sich leisten können, setzt also auch hier ein.

Für die Städte hat diese Entwicklung auch handfeste, finanzielle Folgen. Der Wegzug finanzkräftiger Bevölkerung bedeutet den Wegfall von Steuereinnahmen. Die Umlandgemeinden dagegen profitieren von dieser Entwicklung und verzeichnen größere Gewinne.

Man kann also festhalten, daß eine "Entdichtung" der Städte zu verzeichnen ist, mehr und mehr Menschen ziehen aus der Stadt ins Umland, die meisten Arbeitsplätze jedoch verbleiben genau dort, die enge Beziehung zwischen Wohnort und Arbeitsplatz bleibt also erhalten. Die Folge sind stark erhöhte Anforderungen an die gesamte Kommunikationsstruktur, also an das Verkehrssystem. Der Pendelverkehr wird zum Problem, zu den Stoßzeiten früh morgens und an den Nachmittagen geht oft nichts mehr.

Auch in der Bebauungsform läßt sich diese Entdichtung erkennen. Baute man in den Innenstädten in die Höhe, um Platz zu sparen (bzw. um den zur Verfügung stehenden Boden so gut wie möglich auszunutzen), so hat man in der Peripherie noch genug Raum, der Boden ist preisgünstiger, man baut in die Breite, die Strukturen werden gewissermaßen gedehnt, man spricht auch von Zersiedelung. Je geringer der Zwang zur Konzentration der Nutzungsbeziehungen also ist, desto lieber baut man dekonzentriert. Die Bodenpreise sind hier natürlich auch nur einer von vielen Faktoren, ein anderer wäre der gestiegene Individualverkehr, der diese Dekonzentration erst ermöglicht. Ohne PKW oder entsprechend gut ausgebaute Systeme des ÖPNV ist Suburbanisierung undenkbar.

Je mehr Menschen allerdings in diese suburbanen Gebiete ziehen, desto dichter müssen diese naturgegeben bebaut werden. War der Wohnraum Suburbia also zuerst noch durch recht großflächige Parzellierung gekennzeichnet, füllt er sich jetzt auf, man hat zwar immer noch sein eigenes Haus, dieses jedoch wird oft kleiner, der Garten schrumpft auf Mindestgröße.

Die gestiegene Bevölkerungszahl in diesen Gebieten zieht natürlich auch Konsumangebote und später Industrien oder Dienstleistungsbetriebe mit potentiellen Arbeitsmöglichkeiten nach sich. Ab einem gewissen Punkt also emanzipieren sich die suburbanen Gemeinden zumindest teilweise von den Kernstädten. Diese Prozesse sind allerdings schon der Industriesuburbanisierung zuzurechnen, was hier nicht mein Thema sein soll.

Im Groben habe ich in diesem Abschnitt einige Faktoren angesprochen die den Suburbanisierungsprozeß bedingen, bzw. Folgen des selben darstellen. Anschließend möchte ich die Entwicklung der Suburbanisierung in Deutschland (besonders in München) versuchen, zeitlich etwas genauer einzuordnen und zu strukturieren. So kann man beispielsweise verschiedene Suburbanisierungsstufen voneinander unterscheiden, mehr dazu jedoch im folgenden Kapitel.

Eine kurze Geschichte der Suburbanisierung

Das Land, in dem der Suburbanisierungsprozeß zum ersten Mal beobachtet wurde, sind die USA. An der nördlichen Ostküste, unter anderem um die Städte Boston, New York und Washington herum entstand, und entsteht bis heute, das größte suburbane Gebiet der Erde.

Mit einigen Jahren, ja Jahrzehnten Zeitverzug setzte diese Entwicklung in den 50er und 60er Jahren schließlich auch in Deutschland ein. Mittlerweile sind die meisten Länder rund um den Globus von diesem Phänomen betroffen.

Konzentrieren wir uns im Folgenden aber auf die Entwicklung in Deutschland, wobei man aber selbst hier nicht davon sprechen kann, daß die Suburbanisierung überall gleichzeitig einsetzte. In Gebieten mit starker wirtschaftlicher Entwicklung war der Trend zur Suburbanisierung eindeutig eher zu verzeichnen als in weniger prosperierenden Teilen der Bundesrepublik.

Man kann sagen, daß noch der Beginn der 50er Jahre vom Urbanisierungstrend beherrscht wurde. Die Kernstädte in Deutschland verzeichneten noch eindeutige Bevölkerungsgewinne, rurale Gebiete und auch das direkte Umland der Städte verzeichneten Bevölkerungsverluste. Doch bereits Ende der 50er Jahre begann sich dieser Trend umzukehren. Die unmittelbaren Umlandgemeinden der großen Städte verzeichneten anfangs leichte, im Laufe der Zeit immer stärker zunehmende Bevölkerungsgewinne, obwohl bspw. Münchens Kernstadt bis in die 60er und 70er Jahre hinein ebenfalls noch an Bevölkerung gewann. Der Übergang zur Suburbanisierung hatte aber bereits eingesetzt. Festzuhalten ist jedoch, daß die ländlichen Gebiete außerhalb der Einflußsphären der Großstädte zu jeder Phase der Suburbanisierung an Bevölkerung verlieren.

Kennzeichnend für diese erste Phase der Suburbanisierung ist, daß nur die Umlandgemeinden entlang der Hauptverkehrsachsen an Bevölkerung gewannen. Individualverkehr war nicht so ausgeprägt vorhanden wie heute, viele Menschen waren noch auf öffentliche Verkehrsmittel angewiesen. So kann man bspw. deutlich erkennen, daß sich (zumindest in München) das Wachstum der Umlandgemeinden zuerst entlang der Straßenbahnrouten vollzog. In den Räumen zwischen diesen Routen war noch kein Wachstum zu verzeichnen.

Diese erste Phase der Suburbanisierung wird auch die Phase der "klassischen Suburbanisierung" genannt (Geographische Rundschau, S. 495).

In den siebziger Jahren kehrt sich der Trend endgültig um. Die Kernstädte verzeichnen jetzt erstmals Bevölkerungsverluste, die Umlandgemeinden um so stärkere Bevölkerungsgewinne. Außerdem weitet sich der Ring der von der Suburbanisierung betroffenen Gemeinden weiter ins Umland aus, auch die zwischen den Hauptverkehrsachsen gelegenen Gemeinden verzeichnen deutliche Bevölkerungszuwächse. Der PKW als Verkehrsmittel hat sich mittlerweile durchgesetzt, somit der Aufwand zur Distanzüberwindung verringert. Man kann weiter ins Umland hinaus ziehen. Bemerkenswert ist auch die Beobachtung, daß die Gemeinden an den Hauptverkehrsachsen, die in der klassischen Suburbanisierungsphase noch die Gewinner der Entwicklung waren, jetzt ebenfalls Bevölkerung verlieren, dies mag an der erhöhten Belastung durch Lärm und Abgase entlang der Verkehrsrouten liegen. Es kann also von einer zweiten Phase der Suburbanisierung gesprochen werden.

Anfang der 80er Jahre scheint diese Entwicklung zum ersten Mal zu stagnieren, ein weiteres flächenmäßiges Ausbreiten ist im bis dahin vorhandenen Maße nicht mehr zu beobachten. Statt dessen scheint sich der suburbane Raum jetzt aufzufüllen, dieser Prozeß wurde im vorigen Kapitel auch bereits kurz angesprochen. In den bis dato lediglich als Wohnraum genutzten suburbanen Gemeinden siedeln sich nun Industrien an, die Industriesuburbanisierung setzt ein, die auch eine gewisse Unabhängigkeit der suburbanen Gemeinden von den Kernstädten mit sich bringt. Um die Kernstädte herum bildet sich also ein Netz teilweise emanzipierter Gemeinden, man muß nicht mehr unter allen Umständen in die Innenstadt um zu arbeiten oder einzukaufen, Teilfunktionen werden von den Gemeinden übernommen, es ist kurz gesagt also ein Bedeutungszuwachs dieser suburbanen Gemeinden zu verzeichnen.

Trotzdem ist gerade im Raum München nicht von einer Stagnation der allgemeinen Suburbanisierungstendenz zu sprechen, was mit der enormen wirtschaftlichen Entwicklung dieses Gebietes zusammenhängt. Man geht gegenwärtig davon aus, daß sich die Suburbanisierung auch in den nächsten Jahrzehnten weiter fortsetzen wird, wenn man nicht mir planerischen Mitteln eingreift. Dies soll jedoch erst später unser Thema sein.

Zieht man nun speziell München als Beispiel heran, wird deutlich, daß eine eindeutige Abgrenzung des Einflußgebietes nicht möglich ist. Neben der Stadt selbst gehören zum Verflechtungsbereich München auch die Landkreise Dachau, Fürstenfeldbruck, Landsberg, Starnberg, Ebersberg und weiter Pfaffenhofen, Bad Tölz – Wolfrathshausen und Miesbach. Man kann im großen und ganzen also sagen daß sich der Einflußbereich Münchens bis nach Augsburg im Norden, nach Ingolstadt, zum Chiemsee, ja sogar bis an die österreichische Grenze zieht.

Einige Autoren gehen sogar so weit zu behaupten, die Einflußbereiche der drei Großstädte München, Frankfurt/Main und Stuttgart würden sich bereits überschneiden, was jedoch nicht unbedingt der Wahrheit entsprechen muß (Geographische Rundschau, S. 497). Wäre dies der Fall, wäre ein weiteres räumliches Ausbreiten der Einflußbereiche eigentlich nicht mehr möglich, da das Bodenpreisgefälle als Hauptgrund für die Suburbanisierung im Überschneidungsbereich neutralisiert würde. Je näher man der nächsten Großstadt kommt, desto teurer würde dann der Boden, es wäre nur noch eine Verdichtung des Raumes zwischen den Städten möglich.

Auf jeden Fall ist aber davon auszugehen, daß ein weiteres räumliches Ausbreiten des Verflechtungsraumes München nicht mehr stattfinden wird, da die zu überbrückenden Entfernungen zur Kernstadt zu groß würden. Momentan verzeichnet man ein Auffüllen des suburbanen Raumes, also eine dichter werdende Besiedelung.

Auch aus anderem Grunde ist ein weiteres Wachstum des Raumes München nicht mehr möglich: schon jetzt gibt es im Verkehrssystem enorme Engpässe. Bei weiterem Wachstum wäre ein Verkehrsinfarkt unweigerlich die Folge. Da dies bei einer Weiterentwicklung der momentanen Tendenzen (besonders der wirtschaftlich – technischen Entwicklung des Raumes München) wahrscheinlich der Fall sein wird, ist ein anderes Umgehen mit dem Problem mehr als angebracht. An Hochrechnungen bis in die ersten Jahrzehnte des neuen Jahrtausends hinein wird dies besonders deutlich. Einige Zahlenbeispiele werde ich zu späterem Zeitpunkt anbringen.

München bietet sich also, besonders was die möglichen negativen Folgen der Suburbanisierung betrifft, geradezu als Beispiel für Suburbanisierung in Deutschland an. Welche nun die Sonderrollen der Stadt und Region sind, das werde ich im folgenden Abschnitt versuchen zu erläutern.

Warum München?

Im Gegensatz zu den meisten Stadtregionen Deutschlands zeigt München seit Jahrzehnten eine ungebrochen dynamische Wirtschaftsentwicklung auf. Die Region gehört zu den prosperierendsten ganz Europas. Die Wachstumseffekte strahlen auf ganz Südbayern, ja evtl. auch über diesen Raum hinaus, aus.

In und um München konzentrieren sich zukunftsorientierte Branchen wie sonst nirgends in Deutschland. So ist die Stadt Zentrum der deutschen Luft- und Raumfahrtindustrie, die in Zukunft immer wichtiger werdende Sparte der Elektrotechnik und Elektronik ist in München ebenso vertreten wie der Maschinenbau und die Fahrzeugtechnik. Große nationale und internationale Firmen haben sich hier angesiedelt. Das Bankenwesen und auch Medienunternehmen sind ebenfalls stark vertreten. Doch nicht nur die Industrie scheint München zu bevorzugen, Forschungseinrichtungen und Universitäten sind ebenfalls in überdurchschnittlichem Maße vorhanden und stehen mit der Industrie in regem Austausch, was für die zukünftige Entwicklung der Region von großer Wichtigkeit sein dürfte.

Die mit der wirtschaftlichen Entwicklung einer gehende enorme nationale und internationale Verknüpfung mit anderen Gebieten hat auch zum Bau des neuen Flughafens geführt, welcher laut häufiger Meinungsäußerungen der Verantwortlichen in allen Medien dem Flughafen Frankfurt/Main Konkurrenz schaffen soll. München ist also in jeglicher Hinsicht ein Drehkreuz mit internationaler Bedeutung.

Aufgrund der eben beschriebenen enormen Entwicklung zieht die Stadt natürlich auch Arbeitskräfte an, die in den genannten Einrichtungen arbeiten. Meist sind dies junge Familien mit ein bis zwei Kindern. Die Arbeitskräfte sind entsprechend der Merkmale der dort angesiedelten Industrien und Forschungseinrichtungen meist sehr hoch qualifiziert. Das Einkommen dieser Schichten ist also oft überdurchschnittlich (zumindest im Vergleich zu manch anderen, weniger stark entwickelten Regionen Deutschlands und auch Bayerns), man hat demzufolge auch höhere Ansprüche, vor allem an den Wohnraum. Der Traum vom eigenen Haus ist weit verbreitet.

Ein Aspekt der bis jetzt noch nicht angesprochen wurde, ist die auch touristisch wichtige Rolle der Stadt München selbst (man denke nur an das Oktoberfest) und der Region (Voralpen). Man hat also den Urlaubsort schon vor der Haustür und kann auch an Wochenenden relativ schnell zu entsprechend gut ausgebauten Touristenattraktionen gelangen. Weiterhin zieht die Region, besonders in Orten wie Starnberg und Bad Tölz, auch Mitglieder der höheren Gesellschaftsschichten an, welche sich nicht selten dort niederlassen. Die Lebensqualität ganz allgemein ist also außerordentlich.

Somit ist die Region Münchens prädestiniert für eine ungebrochen dynamische Bevölkerungs- und Wirtschaftsentwicklung, an der sich wohl alle Folgen der Suburbanisierung ablesen lassen können.

Dies kann nur eine sehr unvollkommene Darstellung der Bedeutung Münchens gewesen sein, die aber durchaus aufzeigt, welche Rolle die Stadt für die umgebenden Regionen spielt. Kommen wir im Folgenden zu den Hintergründen der Bevölkerungssuburbanisierung.

Bevölkerungssuburbanisierung – warum nicht in der Innenstadt leben ?

Kommen wir nun zu den Gründen, warum es viele Menschen ins Umland der Städte zieht. Einige der Beweggründe wurden ja in den vorhergehenden Kapiteln bereits kurz angesprochen.

Oft sind es jedoch sehr komplexe Entscheidungszusammenhänge die schließlich zu einem Umzug in suburbane Gemeinden führen. Will man diese Faktoren einordnen, ist eine Unterscheidung in Pull- und Pushfaktoren hilfreich.

Als Pullfaktoren bezeichnet man Beweggründe, die das Individuum ins Umland ziehen, Beispiele wären der eigene Garten, die saubere Luft, eine bessere Umgebung für das Kind.

Pushfaktoren sind das Gegenteil der Pullfaktoren, nämlich alles das, was den Betreffenden an seiner bisherigen Wohnsituation stört, sei es nun der Straßenlärm, die Luftbelastung durch den Straßenverkehr oder auch Faktoren, die einer idealen Erziehung der Kinder im Wege stehen können, wie z.B. fehlende Spielgelegenheiten unter freiem Himmel oder ein ungünstiges soziales Umfeld im Wohngebiet.

Diese zwei Faktoren bilden gewissermaßen das Geflecht, das zur Entscheidung, entweder ins Umland zu ziehen oder nicht, führt. Tatsächlich sind die wichtigsten Gründe, die Befragte bei einer Untersuchung der Faktoren, die zu ihrem Umzug führten, auch der Wunsch nach einem eigenen Haus, dem leichteren Zugang zur Natur, die saubere Luft und das bessere Wohnumfeld. Entsprechend ist die in den Suburbs vorherrschende Wohnform auch das Eigenheim.

Da sehr viele Menschen diesen Traum vom Eigenheim haben, ist ein weiteres Auffüllen des suburbanen Raumes die logische Folge der Entwicklung.. Die anfängliche Freiheit der Standortwahl wird also immer mehr eingeschränkt, man kann nicht mehr dort sein Haus bauen wo man möchte, auch ist der Platz begrenzt. Außerdem steigen bei zunehmender Attraktivität der suburbanen Gemeinden auch dort die Bodenpreise, so daß man sich mittlerweile schon genau überlegen muß. Ob man sich das Häuschen im Grünen wirklich leisten kann.

Eine weitere Folge der zunehmenden Randwanderung ist die höhere Verkehrsbelastung durch Pendlerbewegungen. Je mehr Menschen ins Umland der Städte ziehen, desto mehr müssen jeden Morgen in die Innenstadt zum Arbeitsplatz und abends wieder nach hause . Man kann mittlerweile von einem Paradoxon sprechen, welches die zunehmenden Zahlen von Randwanderern geschaffen haben. Sie sind in die Umlandgemeinden gezogen, um dem Preis- und Bevölkerungsdruck der Innenstädte zu entgehen, um frischere Luft, weniger Lärm und größere Unabhängigkeit zu genießen. Was man sich geschaffen hat, ist jedoch genau das, was man eigentlich zurücklassen wollte. Jetzt hat man wieder den Stau, den Lärm, die Luftverschmutzung. Und wenn jeder einen Garten haben möchte, bleibt für den Einzelnen im Endeffekt nur ein kleiner Fleck Rasen.

Daß diese Aspekte nicht zu vernachlässigen sind und der Straßenverkehr mittlerweile tatsächlich das Hauptproblem nicht nur der Region München darstellt, welches auf ein Lösung wartet, soll nun anhand einiger Zahlenbeispiele verdeutlicht werden.

Zur Vedeutlichung einige Zahlen

Laut einer Prognose der Bundeforschungsanstalt für Landeskunde und Raumforschung werden bis zum Jahr 2010 die Ränder der Ballungszentren um durchschnittlich weitere 10% wachsen. Dem gegenüber steht ein Wachstum der Kernstädte von lediglich 2 bis 4% (Quelle: Sieverts; Zwischenstadt).

Die Bevölkerungszahl Deutschlands dürfte sich in den nächsten Jahren nicht sonderlich verändern, tendentiell ist aufgrund des Geburtenrückganges jedoch eher mit einem leichten Rückgang der Bevölkerung zu rechnen.

München spielt hier wiederum eine Sonderrolle. Entwickelt sich die Stadt auch weiterhin so dynamisch wie bis jetzt, kann man von einer Zunahme der Beschäftigtenzahlen um rund 16% ausgehen (Quelle: Zukunft Stadt 2000). Dem steht ein bundesdeutscher Durchschnitt von etwa 5% gegenüber (Quelle: Zukunft Stadt 2000). Auch in den Umlandkreisen werden sich die Beschäftigtenzahlen überdurchschnittlich entwickeln.

Beträgt die Nettoeinpendlerrate (errechnet aus der Differenz der Arbeitsplätze und der Erwerbstätigen Bewohner der Kernstadt) in die Stadt München heute noch etwa 258.000, wird sie sich bis zum Jahr 2010 voraussichtlich auf etwa 454.000 erhöhen, was fast einer Verdopplung gleichkommt (Quelle: Zukunft Stadt 2000). Gerade dieser Verdopplung würde das Verkehrssystem Münchens nicht mehr standhalten können, so daß der Verkehrskollaps schon vorprogrammiert sein dürfte.

Setzt sich, was zu erwarten ist, die anhaltende Zuwanderung in die Region auch in der Zukunft fort, müßte das Gebiet seinen Wohnflächenbestand bei weiter hohen Ansprüchen an die Wohnfläche ebenfalls bis 2010 verdoppeln (Quelle: Zukunft Stadt 2000). Dies ist unter den gegebenen Bedingungen eindeutig unmöglich.

Wertet man diese Zahlen nun aus, kommt man zum Schluß, daß in den genannten problematischen Gebieten ein Umdenken dringend erforderlich ist, da sonst die Folgen für die Region unabsehbar sein dürften. Dies soll im anschließenden Punkt verdeutlicht werden.

Mögliche Folgen – mögliche Auswege

Wie aus den beispielhaft ausgewählten Zahlen ersichtlich geworden sein dürfte, stehen Stadt und Region München vor Problemen, die nicht übersehen werden können und dürfen. Das räumliche Wachstum läßt sich nicht wie bisher weiterführen, da der erforderliche Raum nicht mehr vorhanden und ein weiterer Ausbau des Verkehrssystems aufgrund des jetzt schon sehr dichten Straßennetzes nicht mehr möglich ist.

Den Wohnraum betreffend kann man schon mit Sicherheit sagen, daß sich die Pro – Kopf – Wohnflächen verringern werden, was in gewisser Weise einen fallenden Lebensstandard für viele der Bewohner bedeutet. Wohnungsengpässe werden zunehmen, ein verändertes Konsum- und Standortverhalten ist gefordert.

Für den Straßenverkehr gibt es auch bereits Lösungen, wie sie in anderen Städten, vor allem in den Niederlanden, schon seit einigen Jahren praktiziert werden. So könnte man durch den Aufbau eines entsprechend engmaschigen ÖPNV – Systems zumindest die Innenstädte vom Individualverkehr entlasten. Sind entsprechende Angebote vorhanden werden diese offensichtlich von der Bevölkerung angenommen.

Ob diese Taktik jedoch auch auf das eigentliche Problem, nämlich den regionalen Verkehr, anzuwenden ist, wage ich zu bezweifeln. Das Konzept könnte dann eher zu einer Subventionsfalle werden. Eher erfolgversprechend könnte eine Verbindung solcher und ähnlicher Konzepte mit einer Streichung der steuerlichen Vorteile für Pendler sein. Obwohl hier eine Kalkulation der individuellen Kosten – Nutzen – Rechnung schwierig sein dürfte. Wieviel ist dem Einzelnen sein Haus "im Grünen" wert?

Andere Konzepte gehen von einer Stärkung der suburbanen Gemeinden aus, wie sie ja in den letzten Jahren schon zu beobachten war. Durch Ortszentrenplanung können diese Gemeinden in ihrer Versorgungsfunktion gestärkt werden, außerdem siedeln sich dort schon seit einiger Zeit verstärkt Industrien und Dienstleistungen an, so daß der Arbeitsplatz in vielen Fällen gar nicht mehr in der Innenstadt liegen muß. Um die Kernstädte herum legt sich also eine Art Ring von Gemeinden, die sich in vielen wichtigen Funktionen schon von der Kernstadt emanzipiert haben, um zum Arbeitsplatz zu gelangen, brauche ich also nicht mehr quer durch die Innenstadt zu fahren, sondern ich bewege mich von einem Ortszentrum zum nächsten. Der Verkehr könnte so also entlastet werden. Dies könnte man kurz und bündig als Dezentralisierung bezeichnen.

Wir sehen also, daß die Lage doch nicht so hoffnungslos sein muß wie man bei Betrachtung der Zahlen allein denkt. Inwieweit sich die Befürchtungen bezüglich des Verkehrsinfarktes und des fallenden Wohnflächendurchschnittes bewahrheiten, kann man also jetzt noch nicht sagen. Auf jeden Fall stellen sie traumatisierende Vorstellungen für Verantwortliche dar, vielleicht ergibt sich allein aus dem Bewußtsein der Problemlage ein Konzept (oder eher mehrere), welches es ermöglicht, Herr der Lage zu werden. Nicht zu bezweifeln ist jedenfalls daß eine "Weiter – so" – Taktik die Region zumindest zeitweise zum Erliegen bringen könnte. In spätestens zehn Jahren werden wir mehr wissen.

Literaturverzeichnis

1. Bundesministerium für Raumordnung, Bauwesen und Städtebau (Hrsg.): Zukunft Stadt 2000. Bericht der Kommission Zukunft Stadt 2000; 2. Auflage, Bonn 1994

2. Geographische Rundschau 9/98 ; S. 494-500: Siedlungsentwicklung und Verkehrsmobilität im Verflechtungsraum München

3. Kagermeier, Andreas : Siedlungsstruktur und Verkehrsmobilität. Eine empirische Untersuchung am Beispiel von Südbayern; Dortmunder Vertrieb für Bau- und Planungsliteratur; Dortmund 1997

4. Leser, Hartmut (Hrsg.): Wörterbuch Allgemeine Geographie. Dtv – Verlag München; München 1997

5. Monheim, Rolf : Bayreuther geowissenschaftliche Arbeiten. Band 9 : Eigenheimbau im Verdichtungs- und Peripherieraum untersucht am Beispiel von Nürnberg, Bayreuth und 7 oberfränkischen Gemeinden. Druckhaus Bayreuth Verlagsgesellschaft mbH; Bayreuth 1986

6. Popien, Ralf : Ortszentrenplanung in Münchens Suburbia – Wie attraktiv sind die "neuen Ortsmitten"?. Passavia Universitätsverlag, Passau 1995

7. Sieverts, Thomas : Zwischenstadt. Zwischen Ort und Welt, Raum und Zeit, Stadt und Land.; Friedr. Vieweg & Sohn Verlagsgesellschaft mbH, Braunschweig / Wiesbaden, 1997

8. The Concise Oxford Dictionary of Geography, Oxford University Press; Oxford 1992

9. Veröffentlichungen der Akademie für Raumforschung und Landesplanung : Forschungs- und Sitzungsberichte Band 102. Beiträge zum Problem der Suburbanisierung. Hermann Schroedel Verlag KG, Hannover 1975